ISBN 978-3-662-27935-9 ISBN 978-3-662-29443-7 (eBook)
DOI 10.1007/978-3-662-29443-7

*Sonderdruck*
*aus der „Zeitschrift für Physik" 122, 1, 1944.*
Springer-Verlag Berlin Heidelberg GmbH

(Mitteilung der Studiengesellschaft für elektrische Beleuchtung und des Instituts für theoretische Physik der Universität Bonn.)

# Zur Frage der Stabilisierung frei brennender Lichtbögen.

Von **R. Rompe, W. Thouret** und **W. Weizel***).

Mit 8 Abbildungen. (Eingegangen am 8. März 1943.)

Ein in einem zylindrischen Rohr brennender Lichtbogen wird in seinem Verhalten durch die Anwesenheit der Wand bestimmt. Es sind deshalb die Eigenschaften derartiger Entladungen unschwer hinsichtlich ihrer Ausstrahlung, der Temperaturverteilung usw. aus der Elenbaasschen Differentialgleichung zu verstehen. Zu Schwierigkeiten kommt man jedoch, wenn man versucht, in entsprechender Weise diejenigen Entladungen bei höheren Drucken zu verstehen, bei denen der Einfluß der Wand offensichtlich nicht vorhanden ist, wie z. B. bei den kugelförmigen Höchstdrucklampen nach Rompe und Thouret. Für den Fall einer unwirksamen, d. h. im Unendlichen anzunehmenden Wand liefert die Elenbaassche Differentialgleichung des axial unendlich ausgedehnten Bogens keine vernünftigen Lösungen, und man muß sich nach anderen Möglichkeiten der Stabilisierung umsehen. Diese sind, je nach der Wahl der Betriebsparameter Druck, Leistung und Elektrodenabstand, gegeben durch 1. die Konvektionsströmung, 2. die Kontraktion der Entladung an den Elektroden, die durch den Übergangsmechanismus der Ladungsträger aus dem Plasma in die Elektroden bedingt ist, und 3. die geometrische Begrenzung der Entladung in axialer Richtung durch die Elektroden. Bei Durchrechnung eines Entladungsmodells mit endlichem Elektrodenabstand in elliptischen Koordinaten erhält man brauchbare Lösungen, die das Verhalten des Bogens der kugelförmigen Höchstdrucklampen verstehen lassen.

Als es den Eindhovener Physikern[1]) gelang, den Mechanismus der in einem Rohr eingeschlossenen Quecksilberbogensäule aus der Aufteilung der elektrischen Leistungsaufnahme in Ausstrahlung und Ableitung zur Wand zu erklären, schien im wesentlichen eine Theorie der Lichtbogensäule überhaupt gewonnen zu sein. Daß sich in sie der Kohlebogen nicht ohne weiteres einfügt, erschien als Sonderfall, der zunächst nicht viel theoretisches Interesse fand. Bald zeigte sich aber, daß die Quecksilberhochdruckentladung in den kugelförmigen Höchstdrucklampen von Rompe und Thouret[2]) nach dem Mechanismus dieser „wandstabilisierten Bogensäule" auch nicht wirklich verstanden werden konnte. Sie gehört wie der Kohlebogen oder der Schaltbogen zu den frei brennenden Lichtbögen und stellt einen selb-

*) Teilweise vorgetragen von W. Weizel auf der Berliner Tagung der Phys. Ges. u. Dtsch. Ges. f. techn. Phys. am 11. Oktober 1942.

[1]) W. Elenbaas, Physica **1**, 211, 673, 1934; **2**, 169, 757, 1935; **3**, 12, 859, 1936; G. Heller, Physics **6**, 389, 1935. — [2]) R. Rompe u. W. Thouret, ZS. f. techn. Phys. **17**, 377, 1936; **19**, 352, 1938; Techn. Wiss. Abh. Osram, Bd. 5, S. 44, im Erscheinen.

ständigen Typus dar, den man „elektrodenstabilisierte Bogenentladung" nennen kann. Eine Analyse, die wir in dieser Arbeit durchführen wollen, zeigt, daß man drei wesentlich verschiedene Bogentypen unterscheiden sollte, die man zweckmäßig als wandstabilisiert, elektrodenstabilisiert und konvektionsbestimmt bezeichnen kann.

## *I. Wandstabilisierte und konvektionsbestimmte Bogensäule.*

In einem Lichtbogen pflegt man drei Teile zu unterscheiden: Das Kathodengebiet, das Anodengebiet und die dazwischenliegende Bogensäule, die bei nicht zu kurzen Bögen den größten Teil der Länge des Bogens einnimmt. Gewöhnlich betrachtet man die Säule als ein zylindrisches Gebilde, dessen Eigenschaften sich in der Längsrichtung nicht ändern. Bei gröberer Beschreibung kann man sie sogar als einen zylindrischen Kanal von konstanter Temperatur ansehen, in selchem überall dasselbe Leitvermögen, dieselbe Stromdichte und dieselbe Feldstärke herrscht. Diesem letzteren stark vereinfachten Modell kommt der visuelle Eindruck, den man von der Bogensäule erhält, sehr entgegen. In Wirklichkeit nimmt die Temperatur und mit ihr Leitvermögen und Stromdichte von der Achse nach außen natürlich ab und die Aufgabe der Theorie der Säule ist, diesen Abfall aus den Elementarprozessen abzuleiten.

Unter etwas vereinfachenden Annahmen ist diese Aufgabe zuerst von Elenbaas gelöst worden. Sie führt auf die Elenbaas-Hellersche Differentialgleichung der Bogensäule[1]). Diese Theorie läßt sich nun nur durchführen, wenn der Lichtbogen in einem gegen seine Länge sehr engen Rohr brennt, da die Wärmeableitung zur Rohrwand gerade die Gestalt der Säule bestimmt, wie im Abschnitt III näher ausgeführt wird. Würde man das Rohr weiter machen, dabei die Feldstärke und mit ihr die Brennspannung festhalten, so müßte die Stromstärke anwachsen und der Bogen das Rohr, von einer Wandzone abgesehen, immer noch ausfüllen. Ein frei brennender Bogen, bei dem die Wand unendlich fern ist, müßte sich seitlich beliebig ausdehnen und bei vorgegebener Brennspannung einen unendlichen Strom leiten.

Solange das Rohr noch nicht zu weit ist, wird es nun tatsächlich vom Bogen bis auf eine Randzone erfüllt, wie beispielsweise bei dem durch Fig. 1 dargestellten Quecksilberhochdruckbogen. Dieser hat eine Länge von 80 mm und brennt in einem Rohr von 8 mm lichter Weite (Druck etwa 3 Atm., Gradient 25 Volt/cm, Strom 4 Amp.), ist also eine typische wandstabilisierte Säule, wie sie der Elenbaasschen Theorie zugrunde liegt.

---

[1]) Vgl. G. Heller. a. a. O.

Es kann aber keine Rede davon sein, daß sich ein frei brennender Bogen seitlich beliebig ausdehnt und daß seine Stromstärke unmäßig anwächst. Es bildet sich vielmehr auch bei ihm ein Kanal von nur geringer Breite aus, der ganz ähnlich beschaffen ist wie die Bogensäule in einem Rohr. Der Bogen stabilisiert sich auch ohne Rohrwand durch einen Mechanismus, der durch die Elenbaassche Theorie nicht erfaßt wird. Mehrere voneinander verschiedene Gesichtspunkte sind hierbei zu beachten. In genügend weiten Räumen entwickelt sich wegen der Temperaturdifferenzen eine Gasströmung, die Konvektion. Von ihrer Einwirkung auf die Lichtbogensäule kann man sich etwa folgendes Bild machen: Aus dem eigentlichen Bogenkanal vermag

Fig. 1. Wandstabilisierte Bogensäule in engem, langem Entladungsrohr (Quecksilberhochdruckentladung bei etwa 3 Atm.).

durch echte Wärmeleitung keine Wärme ins Unendliche abzufließen, wie wir weiter unten durch Rechnung nachweisen werden. Man kann sich aber vorstellen, daß durch Wärmeleitung der Wärmetransport in die nähere Umgebung des Kanals vor sich geht, während die Konvektion dann das endgültige Hinwegschaffen übernimmt. Etwas derartiges ist tatsächlich möglich, da in der Nähe des Kanals noch große Temperaturdifferenzen vorliegen, wodurch die Leitung überwiegt, während bei den kleinen Temperaturunterschieden weiter außen die Leitung zurücksteht. Die Konvektion wirkt also so, als ob die in großer Entfernung befindliche Gefäßwand näher herangerückt wäre, indem sie den Wärmetransport von dieser virtuellen Wand zu der wirklichen übernimmt. Man kann nun das Problem wieder mit der Elenbaas-Hellerschen Gleichung behandeln, indem man die virtuelle Wand als Rohrwand einsetzt und muß deshalb der Konvektion die Fähigkeit zur Begrenzung des Bogenkanals und somit eine Querstabilisierung zutrauen. Daß man den Radius des virtuellen Rohres nicht weiß, ändert nichts an der Möglichkeit, daß der Bogen sich tatsächlich auf diese Weise stabilisiert.

Fig. 2 zeigt denselben, d. h. bei gleichem Druck, gleichem Elektrodenabstand und gleicher spezifischer Bogenleistung (Watt pro cm Bogenlänge) brennenden Quecksilberhochdruckbogen wie Fig. 1, jedoch in einem weiten Rohr von 40 mm lichter Weite (Druck etwa 3 Atm., Gradient 15 V/cm, Strom 6 Amp.). Man sieht (zunächst bei Betrachtung von Fig. 2a), daß von einer vollständigen Erfüllung des Rohres durch die Säule keine Rede sein kann. Die sich im weiten Rohr ausbildende Konvektionsströmung übernimmt teilweise die stabilisierende Wirkung der Wand und bildet einen schmalen, von Wandeinflüssen in erster Näherung freien Bogenkanal. Dieser Kanal besitzt allerdings auch etwas von den Turbulenzeigenschaften der Konvektion, d. h. er macht, wie die Fig. 2a erkennen läßt, die schlängelnde und fächelnde Bewegung der Gasströmung mit. In waagerechter Lage (Fig. 2b) wird die Bogensäule durch die Konvektion nach oben mitgenommen

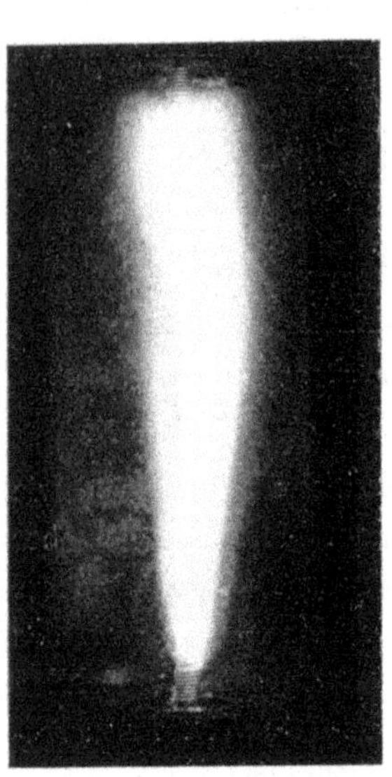

a

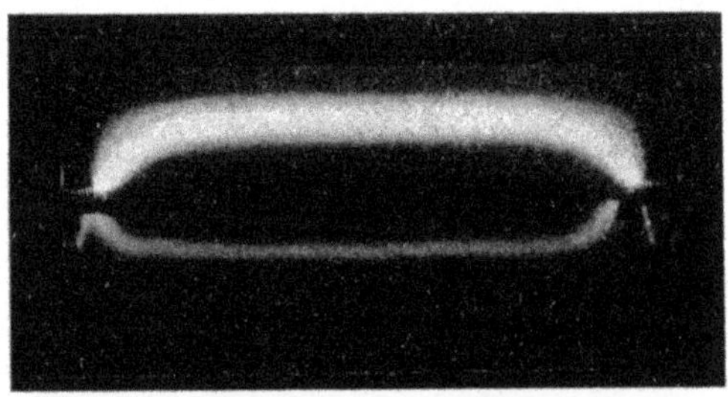

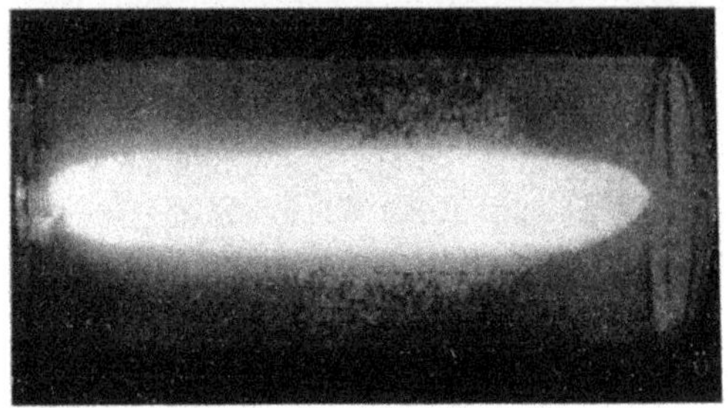

c

**Fig. 2. Konvektionsbestimmte Bogensäule in sehr weitem Entladungsrohr (Quecksilberhochdruckentladung bei etwa 3 Atm., Gradient 15 V/cm, Strom 6 Amp., Bogenlänge 80 mm, Rohrdurchmesser innen 40 mm).**
**a) Senkrecht brennend, b) waagerecht, c) waagerecht, mit 600 U/min um die Achse rotierend.**

und gegen die Rohrwand gedrückt. Wäre das Rohr wesentlich weiter, so würde die Konvektionsströmung die Säule halbkreisförmig nach oben durchbiegen zu der Form, von der der Lichtbogen seinen Namen hat. Versetzt man das Entladungsgefäß in waagerechter Lage in schnelle Umdrehungen um die Bogenachse, so wird die Wirkung der Konvektion zumindest zum größten Teil aufgehoben, wie Fig. 2c erläutert: Die Durchbiegung nach oben verschwindet und der Bogenkanal verbreitert sich erheblich[1]).

[1]) Über Untersuchungen von Quecksilberhochdruckbögen bei durch Rotation aufgehobener Konvektionswirkung wird Frl. E. Kinzer, der wir auch alle in dieser Arbeit enthaltenen Aufnahmen von Lichtbögen verdanken, noch näher berichten.

## *II. Elektrodenstabilisierter Bogen.*

Nicht alle frei brennenden Lichtbögen zeigen jedoch das Verhalten, das man von einer konvektionsbestimmten Entladung erwartet. Der Quecksilberhochdruckbogen, wie er in den Kugel-Höchstdrucklampen nach Rompe und Thouret[1]) brennt, verhält sich ganz wesentlich anders. Bei diesen Lampen, deren äußere Form (der Typen mit 200 und 1000 Watt Leistungsaufnahme) die Fig. 3 und 4 zeigen, hat man einen Bogen von wenigen Millimetern bis zu etwa 1 cm Länge zwischen zwei zugespitzten Wolframelektroden mit einem Kanaldurchmesser von ebenfalls wenigen

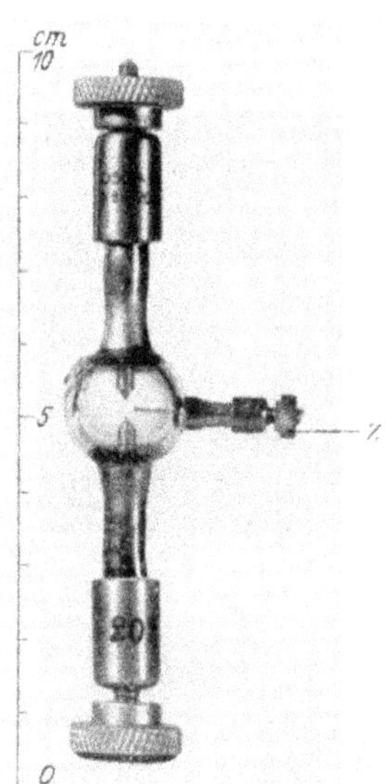


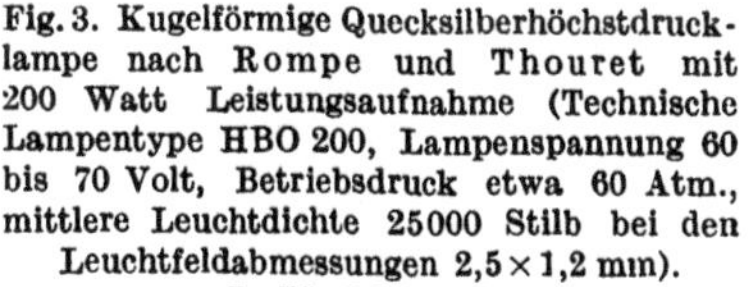
Fig. 3. Kugelförmige Quecksilberhöchstdrucklampe nach Rompe und Thouret mit 200 Watt Leistungsaufnahme (Technische Lampentype HBO 200, Lampenspannung 60 bis 70 Volt, Betriebsdruck etwa 60 Atm., mittlere Leuchtdichte 25000 Stilb bei den Leuchtfeldabmessungen 2,5 × 1,2 mm). *Z*: Zündelektrode.

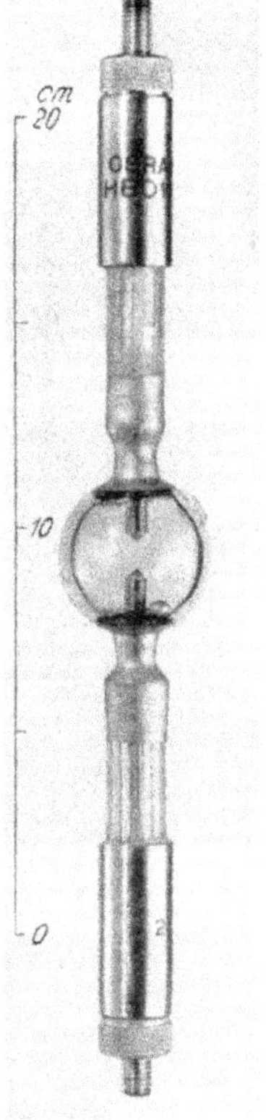


Fig. 4. Kugelförmige Quecksilberhöchstdrucklampe mit 1000 Watt Leistungsaufnahme (Type HBO 1000, Lampenspannung 80 bis 90 Volt, Betriebsdruck 30 Atm., mittlere Leuchtdichte 30000 Stilb bei den Leuchtfeldabmessungen 5,5 × 3 mm).

Millimetern. Daß die Säule nicht wesentlich durch Konvektion bestimmt ist, kann man experimentell aus mehreren Umständen erkennen. Wenn die Konvektion die Gestalt des Kanals wesentlich beeinflussen würde, müßte

[1]) Vgl. Fußnote 2, S. 1 sowie O. Höpcke u. W. Thouret. Kinotechnik **20**, 148, 1938.

sich in horizontaler Lage die Säule nach oben durchbiegen. Dies ist normalerweise nicht der Fall. Bei schneller Rotation der Lampe in waagerechter Lage um den Bogenkanal als Achse müßte sich der Kanaldurchmesser wegen der Verminderung der Konvektion vergrößern. Dies

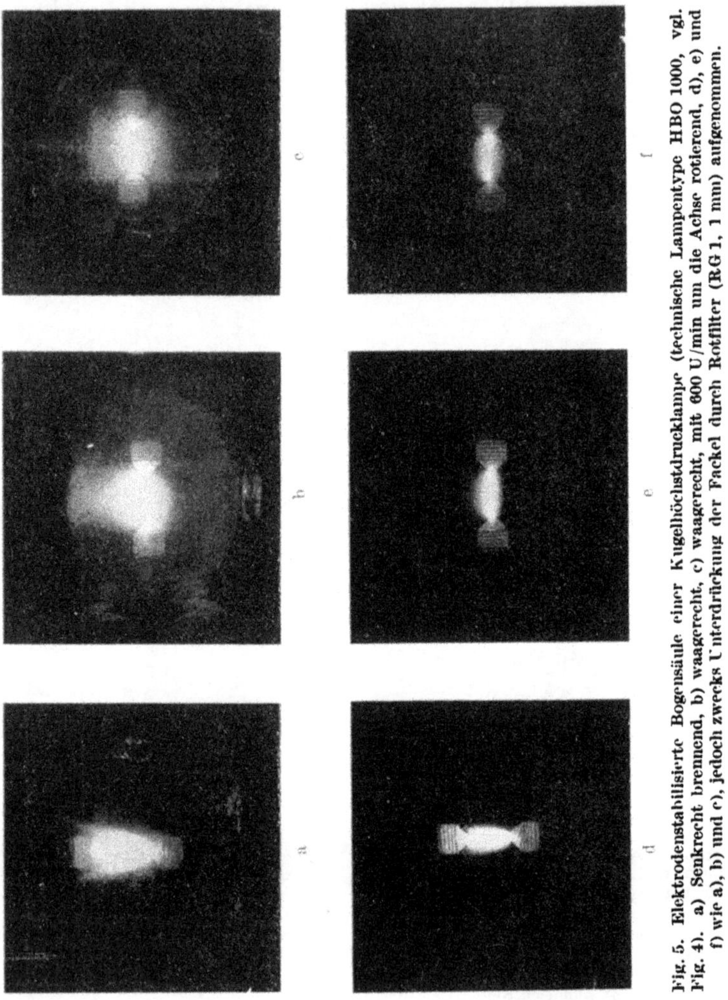


Fig. 5. Elektrodenstabilisierte Bogensäule einer Kugelhöchstdrucklampe (technische Lampentype HBO 1000, vgl. Fig. 4). a) Senkrecht brennend, b) waagerecht, c) waagerecht, mit 600 U/min um die Achse rotierend, d), e) und f) wie a), b) und c), jedoch zwecks Unterdrückung der Fackel durch Rotfilter (RG 1, 1 mm) aufgenommen.

trifft ebenfalls in keiner Weise zu. Fig. 5 soll dies, soweit es mit photographischen Aufnahmen des Bogens möglich ist, erläutern: Die Bilder a), b) und c) zeigen als Beispiel den Bogen der durch Fig. 4 dargestellten Kugelhöchstdrucklampe von 1000 Watt einmal in senkrechter Lage (Fig. 5a), dann waagerecht (Fig. 5b) und schließlich waagerecht mit

600 U/min um den Bogen als Achse rotierend (Fig. 5c). Diese Aufnahmen lassen erkennen, daß der Bogenkanal von einer schwächer leuchtenden Fackel umgeben ist, die wie bei einer Gasströmung erwartet werden muß, der Einwirkung der Schwerkraft unterliegt. Um deutlicher hervortreten zu lassen, wie wenig der eigentliche Bogenkanal von der Konvektion beeinflußt ist, wurden die Aufnahmen 5a bis c unter Zwischenschaltung eines Rotfilters (RG 1, 1 mm) wiederholt, welches die Strahlung der Fackel (herrührend von dem blau-grünen Triplett 4047, 4358, 5461 Å) praktisch vollkommen unterdrückt. So ergaben sich die Bilder 5d bis 5f, die deutlich zeigen, daß der eigentliche stromführende Bogenkanal (von dem auch praktisch die gesamte Ausstrahlung herrührt) weder durch die Brennlage noch durch die Aufhebung der Schwerkraftwirkung bei der Rotation in seiner Gestalt und seinen Abmessungen wesentlich beeinflußt wird[1]). Das verschiedene Aussehen der Bilder 5a bis c rührt nur von der sogenannten Fackel her, die mit dem Bogenkanal nichts zu tun hat. Sie ist stets nach oben gerichtet, läßt bei visueller Beobachtung die fächelnde Bewegung einer Gasströmung erkennen und wird bei der Rotation der Lampe deutlich sichtbar aufgerollt, ohne daß sich am Kanal etwas ändert.

Die Beobachtung der Eigenschaften dieser Lichtbögen zwingt uns also zu der Annahme, daß sie weder durch die Rohrwand, noch durch die Konvektion stabilisiert sind. Der Kanalquerschnitt wird bei diesen verhältnismäßig kurzen Bögen vielmehr von den Elektroden her bestimmt. An den Elektroden tritt zunächst die Querschnittseinschränkung ein, die als Brennfleckbildung bekannt ist. Sie kommt daher, daß durch die Kontraktion der Entladung in den Raumladungsschichten, welche vor den Elektroden liegen, die Stromdichte vergrößert und gleichzeitig der Spannungsbedarf erniedrigt wird. Den Mechanismus dieses Vorganges haben wir früher im einzelnen diskutiert[2,3]). Bei langen Bögen muß also in den elektrodennahen Gebieten ein Übergang von dem kleinen Entladungsquerschnitt im Brennfleck zu dem wesentlich größeren durch die Rohrwand oder die Konvektion festgelegten vor sich gehen (vgl. hierzu Fig. 1 und 2). Je kleiner der Elektrodenabstand ist, desto mehr muß die von den Brennflecken herrührende Kontraktion auf die Säule selbst übergreifen. So entsteht die elliptische Form des z. B. durch Fig. 5 dargestellten kurzen Bogens der Kugelhöchstdruck-

[1]) Die Unempfindlichkeit des Bogens der Kugelhöchstdrucklampen gegenüber Änderungen der Brennlage ist natürlich bei der Anwendung dieser Lampen in beweglichen Geräten von Bedeutung. — [2]) W. Weizel, R. Rompe u. M. Schön, ZS. f. Phys. **115**, 179, 1940. — [3]) R. Rompe u. W. Weizel, ebenda **119**, 366, 1942.

lampen. Bei sehr kurzen Bögen hat man deshalb Kanaldurchmesser, die hauptsächlich durch die Brennfleckgröße bestimmt und viel kleiner sind, als es einer konvektionsstabilisierten Entladung entspricht. Ein extremes Beispiel hierzu ist der durch Fig. 6 wiedergegebene Bogen einer kugelförmigen Quecksilberhöchstdrucklampe mit sehr kleinem, nur 0,6 mm betragendem Elektrodenabstand. Dieser Bogen besteht nur aus den elektrodennahen, der Kontraktion durch die Brennflecke unterliegenden Gebieten, weist daher eine nahezu kreisrunde Form und sehr hohe Strahlungs- bzw. Leuchtdichte auf (vgl. die Bildunterschrift Fig. 6).

Bei diesen Überlegungen war noch vorausgesetzt, daß die Elektroden un-

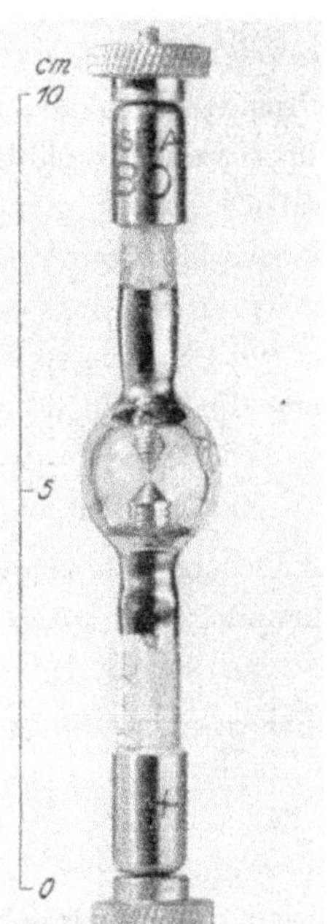

Gestalt des Bogens.

**Fig. 6. Kugelförmige Quecksilberhöchstdrucklampe mit extrem kurzem Bogen sehr hoher Leuchtdichte (technische Lampentype HBO 207, Leistung 200 Watt, Betriebsdruck 60 Atm., Strom 6 bis 7,5 Amp., mittlere Leuchtdichte 100000 Stilb bei den Leuchtfeldabmessungen 0,6 × 0,3 mm).**

endlich ausgedehnte Flächen sind, auf denen die Entladung an jeder Stelle ansetzen kann. Sind die Elektroden zugespitzt, so bilden sich die Brennflecke an den Spitzen aus und der Bogen überbrückt den Elektrodenzwischenraum auf dem kürzesten Wege. Ein Ansetzen an anderen Stellen würde den Stromweg verlängern und die Brennspannung steigern. Auf diese Weise wird der Elektrodenansatz stärker zusammengehalten und die Entladung vor den Elektroden noch mehr kontrahiert als dies durch die Brennfleckbildung an sich schon geschehen würde. Die Einschnürung vor den Elektroden setzt sich bei kurzen Bögen auch in die Säule hinein durch, weil die Stromlinien bei einer Ausdehnung der Säule stark gekrümmt und verlängert und damit die Feldstärke herabgesetzt würde.

Dieser direkte Elektrodeneinfluß kann sich aber nur bei Bögen entscheidend auswirken, deren Länge mit ihrem Durchmesser vergleichbar ist. Bei gestreckteren Bögen würde eine Ausdehnung des Durchmessers nur eine geringe Verlängerung der Stromwege erfordern. Tatsächlich stabilisieren

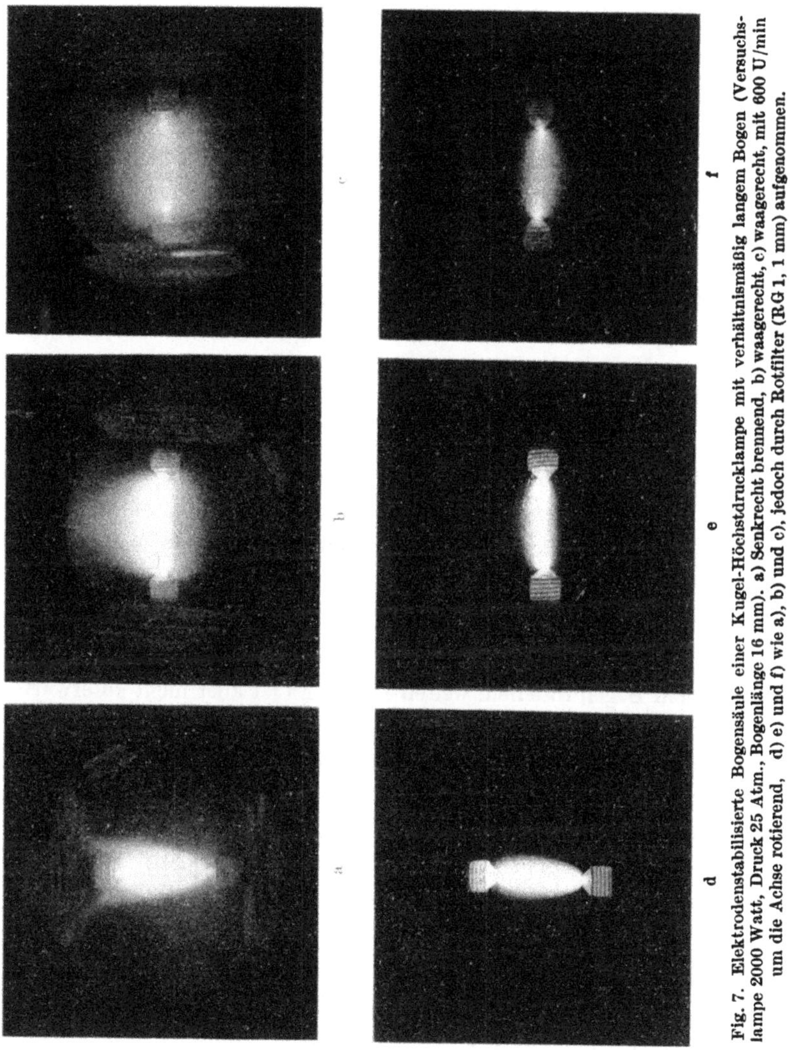

Fig. 7. Elektrodenstabilisierte Bogensäule einer Kugel-Höchstdrucklampe mit verhältnismäßig langem Bogen (Versuchslampe 2000 Watt, Druck 25 Atm., Bogenlänge 16 mm). a) Senkrecht brennend, b) waagerecht, c) waagerecht, mit 600 U/min um die Achse rotierend, d) e) und f) wie a), b) und c), jedoch durch Rotfilter (RG 1, 1 mm) aufgenommen.

sich aber auch Bögen noch ohne Wand und Konvektion, wenn ihre Länge das 5- bis 10fache ihres Durchmessers beträgt. Dies sieht man an den Aufnahmen der Fig. 7, die an einer Kugelhöchstdrucklampe mit dem großen Elektrodenabstand von 16 mm gemacht sind. Die 6 Aufnahmen sind analog zu den Bildern 5a bis f unter denselben Bedingungen (senkrecht, waagerecht und rotierend sowie ohne und mit Rotfilter zur Unterdrückung der Fackel) hergestellt, um die Unempfindlichkeit auch dieses längeren Bogens gegenüber Einflüssen der Konvektionsströmung zu zeigen. Wir werden weiter unten durch eine Rechnung zeigen können, daß bei *endlichem Elektrodenabstand* Stabilisierung durch die Wärmeableitung ins Unendliche ohne Wand und ohne Konvektion möglich ist, während etwas derartiges bei einer unendlich langen Bogensäule nicht eintreten kann. Die Elektroden bewirken also auch insofern eine Stabilisierung, als sie die Länge der Bogensäule begrenzen. Man kann schon ohne Rechnung voraussehen, daß der Kanaldurchmesser bei sonst gleichen Verhältnissen mit der Bogenlänge zunehmen muß, bis der Durchmesser erreicht wird, der durch die Konvektion oder die Wand stabilisiert wird. Kommt man bei immer weiterer Verlängerung des Bogens zur konvektionsstabilisierten Entladung, so kann die Säule allerdings nicht mehr ruhig brennen, sondern muß das Flackern und Fächeln mitmachen, das mit der Strömung verbunden ist.

Wir möchten also empfehlen, nach dem Mechanismus der Stabilisierung des Bogenquerschnitts folgende Typen von Bogensäulen zu unterscheiden:

1. Die wandstabilisierte Säule. Sie bildet sich in so engen Röhren aus, daß der Bogen das Rohr bis auf eine Wandzone erfüllt. Sie kann ohne großen Fehler durch das Modell eines zylindrischen oder unendlich langen Bogens ersetzt werden und ist wenigstens im Prinzip durch die Elenbaas-Hellersche Differentialgleichung zu beschreiben (vgl. Fig. 1).

2. Die konvektionsbestimmte Entladung. Diese Bogenform erfordert einen langen Bogen in einem weiten Rohr. Es ist aber nicht zu erwarten, daß die Konvektion einen ruhig brennenden Bogen herstellt, sondern der durch sie bestimmte Bogen wird unruhig hin und her flackern oder sich der turbulenten Gasströmung entsprechend schlängeln oder winden, d. h. flammenartigen Charakter annehmen (vgl. Fig. 2). Aus diesem Grunde bezeichnen wir den Bogen als konvektionsbestimmt, nicht aber als konvektionsstabilisiert, da eine Stabilisierung im strengen Sinne nicht eintritt.

3a. Die durch die Brennflecke stabilisierte Entladung. Sie entsteht bei sehr kleinen Elektrodenabständen, bei denen es gar nicht zur Ausbildung einer ungestörten Säule kommt (vgl. Fig. 6).

3b. Die durch die endliche Länge vermöge der Wärmeableitung stabilisierte Entladung. Diese Entladung wird bei mittleren Elektrodenabständen in frei brennenden Bögen die Regel sein. Die Bogensäule ist nicht zylindrisch, sondern spindelförmig bzw. hat die Form eines gestreckten Ellipsoides. Der

Querschnitt wächst etwas mit der Bogenlänge an (vgl. Fig. 5 und 7). Hier versagt also das zylindrische Modell.

Die Formen 3a und 3b kann man zweckmäßig zusammengefaßt als elektrodenstabilisierte Bögen bezeichnen. Geht man von kleinen Bogenlängen zu größeren, so hat man zuerst stets die Form 3a, später 3b zu erwarten, die je nach der Rohrweite entweder in 1 oder 2 übergehen, wenn man den Elektrodenabstand weiter vergrößert.

## *III. Die Theorie des Säulenplasmas und die Unmöglichkeit der Querstabilisierung eines unendlich langen frei brennenden Lichtbogens.*

Um die skizzierten Überlegungen quantitativ zu formulieren, stellen wir zuerst die Gleichungen auf, die das Plasma einer Lichtbogensäule beschreiben. Ist $\mathfrak{E}$ die Feldstärke, $n_i$ bzw. $n_e$ die Dichte der Ionen bzw. der Elektronen, $i_i$ bzw. $i_e$ die von Ionen bzw. Elektronen getragene Stromdichte, so gelten zwischen diesen fünf Größen zunächst folgende vier Gleichungen:

Die Poissonsche Gleichung

$$\operatorname{div} \mathfrak{E} = 4\pi e (n_i - n_e), \tag{1}$$

die die Feldstärke mit der Raumladung verknüpft, die Stationaritätsbedingung

$$\operatorname{div} (i_e + i_i) = 0, \tag{2}$$

die für alle Ströme gilt, die Gleichung

$$i_e = e b_e n_e \cdot \mathfrak{E} + e D_e \operatorname{grad} n_e, \tag{3}$$

die den Elektronenstrom durch Drift im Feld und Diffusion gibt und

$$i_i = e b_i n_i \mathfrak{E} - e D_i \operatorname{grad} n_i, \tag{4}$$

die dasselbe für den Ionenstrom besagt. Hierzu können wir noch als 5. Beziehung

$$\operatorname{div} i_e = - e \Delta \tag{5}$$

hinzufügen. Diese Gleichung sagt aus, daß der Überschuß $\Delta$ der in der Volumeneinheit erzeugten Elektronen über die dort vernichteten als Quelle des Elektronenstromes anzusehen ist. Da $-\frac{1}{e} \operatorname{div} i_e$ die Anzahl der Elektronen ist, die aus der Volumeneinheit herausfließen, so ist $- U_i \operatorname{div} i_e$ der Energieaufwand, der zur Trägerbildung in $\mathrm{cm}^3$ nötig ist. Er ist gleich der Stromleistung $\mathfrak{E}(i_i + i_e)$ abzüglich des Strahlungsverlustes $S$ und des Energieverlustes durch Wärmeleitung

$$- \operatorname{div} (\varkappa \operatorname{grad} T),$$

wenn $\varkappa$ den Wärmeleitungskoeffizienten bedeutet. Durch Multiplizieren mit der Ionisierungsspannung $U_i$ geht also (5) in die Energiebilanz

$$-U_i \operatorname{div} i_e = \operatorname{div} \varkappa \operatorname{grad} T - S + \mathfrak{E}(i_e + i_i) \tag{6}$$

über. Jetzt ist allerdings noch die Temperatur als neue Größe hereingekommen. Es wird deshalb noch eine weitere Gleichung notwendig, die auch in der Saha-Gleichung

$$n_i n_e = \frac{k^{1/2} T^{1/2}}{h^3} p (2\pi m)^{3/2} e^{-\frac{e U_i}{k T}} \tag{7}$$

zur Verfügung steht.

Der Unterschied der Trägerdichten in der Lichtbogensäule ist klein gegen die Trägerdichte selbst. Wir können deshalb das Plasma als quasineutral ansehen,

$$n_i = n_e = n \tag{8}$$

schreiben und dafür die Gleichung (1) einsparen.

Jetzt betrachten wir die Säule als unendlich lang bzw. zylindersymmetrisch, legen die $x$-Achse parallel zu ihr und führen Zylinderkoordinaten $x$, $r$, $\varphi$ ein. Aus Symmetriegründen sind dann alle Größen von $x$ und $\varphi$ unabhängig. Spalten wir noch die Stromdichten und die Feldstärke in Längs- und Radikalkomponenten auf, so erhalten wir das Gleichungssystem

$$i_{ex} + i_{ix} = i, \tag{2a}$$

$$\frac{1}{r}\frac{d}{dr} r (i_{er} + i_{ir}) = 0, \tag{2b}$$

$$i_{ex} = e b_e n \mathfrak{E}_x, \tag{3a}$$

$$i_{er} = e b_e n \mathfrak{E}_r + e D_e \frac{dn}{dr}, \tag{3b}$$

$$i_{ix} = e b_i n \mathfrak{E}_x, \tag{4a}$$

$$i_{ir} = e b_i n \mathfrak{E}_r - e D_i \frac{dn}{dr}, \tag{4b}$$

$$-U_i \frac{1}{r}\frac{d}{dr} i_r r = \frac{1}{r}\frac{d}{dr} r \varkappa \frac{dT}{dr} - S + \mathfrak{E}_x i + \mathfrak{E}_r (i_{e_r} + i_{i_r}), \tag{6a}$$

$$n = \frac{(2\pi m)^{3/4}}{h^{3/2}} k^{1/4} T^{1/4} p^{1/2} e^{-\frac{U_i e}{2kT}}. \tag{7a}$$

Wir schreiben die Gleichungen in solcher Ausführlichkeit an, um klar zu sehen, welche Vorgänge berücksichtigt sind und welche vernachlässigt werden.

Da in radialer Richtung kein elektrischer Strom fließt, ist überall

$$i_{e_r} + i_{i_r} = 0, \tag{2c}$$

was auch als Integral von (2b) anzusehen ist. Durch Addieren von (3a) und (4a) erhalten wir bei Berücksichtigung von (2a)

$$i = en\,(b_e + b_i)\,\mathfrak{E}_x. \tag{8}$$

Nun multiplizieren wir (3b) mit $b_i$ und (4b) mit $b_e$ und subtrahieren um

$$i_{e_r} b_i - i_{i_r} b_e = e\,(b_i D_e + b_e D_i)\,\frac{\mathrm{d}n}{\mathrm{d}r} \tag{9}$$

zu erhalten. Da nach (2c) $i_{i_r} = - i_{e_r}$ ist, finden wir daraus unter Verwendung des ambipolaren Diffusionskoeffizienten

$$D_{amb} = \frac{b_i D_e + b_e D_i}{b_e + b_i}$$

den radialen Elektronenstrom

$$i_{e_r} = e\,D_{amb}\,\frac{\mathrm{d}n}{\mathrm{d}r}. \tag{9a}$$

Setzen wir diese Werte von $i_{e_r}$ und $i$ aus (8) in (6a) ein und beachten dabei (2c), so gelangen wir zu

$$\frac{1}{r}\,\frac{\mathrm{d}}{\mathrm{d}r}\,r\left(\varkappa\,\frac{\mathrm{d}T}{\mathrm{d}r} + e\,U_i D_{amb}\,\frac{\mathrm{d}n}{\mathrm{d}r}\right) = -\,e\,(b_e + b_i)\,n\,\mathfrak{E}_x^2 + S. \tag{10}$$

Da $n$ durch (7a) als Funktion der Temperatur bekannt und $S$ ebenfalls eine Funktion der Temperatur ist, stellt dies eine Differentialgleichung für $T$ als Funktion von $r$ dar, gibt also die radiale Temperaturverteilung.

Von dem Glied

$$\frac{1}{r}\,\frac{\mathrm{d}}{\mathrm{d}r}\left(r\,e\,U_i D_{amb}\,\frac{\mathrm{d}n}{\mathrm{d}r}\right) \tag{11}$$

abgesehen, ist dies die Elenbaas-Hellersche Differentialgleichung[1]). Der neu hinzugetretene Anteil (11) stellt die Wärmeleitung durch Trägerdiffusion dar, deren Bedeutung schon von Rompe und Schulz[2]) erkannt worden ist. Schreiben wir

$$\frac{\mathrm{d}n}{\mathrm{d}r} = \frac{\mathrm{d}n}{\mathrm{d}T}\cdot\frac{\mathrm{d}T}{\mathrm{d}r},$$

so geht (10) in

$$\frac{1}{r}\,\frac{\mathrm{d}}{\mathrm{d}r}\,r\left(\varkappa + e\,U_i D_{amb}\,\frac{\mathrm{d}n}{\mathrm{d}T}\right)\frac{\mathrm{d}T}{\mathrm{d}r} = -\,e\,(b_e + b_i)\,n\,\mathfrak{E}_x^2 + S \tag{10a}$$

über und an Stelle der klassischen Wärmeleitung $\varkappa$ tritt der Ausdruck

$$\varkappa + e\,U_i D_{amb}\,\frac{\mathrm{d}n}{\mathrm{d}T}, \tag{12}$$

den man als totales Wärmeleitvermögen auffassen kann. Es ist noch stark von der Temperatur abhängig. Da $\mathrm{d}n/\mathrm{d}T$ sich aus (7a) leicht berechnen

---

[1]) Vgl. G. Heller, a. a. O. — [2]) R. Rompe u. P. Schulz, ZS. f. Phys. **113**, 10, 1939.

läßt, wird an der Elenbaasschen Gleichung durch Hinzufügen dieses Gliedes nichts Grundsätzliches geändert. Die rechte Seite ist eine bekannte Funktion der Temperatur, da auch die Ausstrahlung

$$S = \frac{A\,p}{k\,T}\, e^{-\frac{e\,U_a}{k\,T}} \tag{13}$$

durch die Temperatur allein bestimmt ist ($U_a$ ist die mittlere Anregungsspannung, $p$ der Druck und $A$ eine Konstante, die die Übergangswahrscheinlichkeiten enthält).

Zu der Gleichung (10a) treten zwei Randbedingungen. In der Rohrmitte muß die Temperatur ein Maximum haben. Daraus ergibt sich

$$r = 0; \qquad \frac{\mathrm{d}T}{\mathrm{d}r} = 0. \tag{14}$$

Auf der Wand des Rohres ist die Temperatur vorgeschrieben und möge den Wert $T_R$ haben. Bezeichnet $R$ den Rohrradius, so ergibt sich hieraus die zweite Randbedingung

$$r = R; \quad T = T_R. \tag{15}$$

Bei einem frei brennenden Bogen tritt an ihre Stelle

$$r = \infty; \quad T = T_\infty. \tag{15a}$$

Die Erfüllung der Randbedingung (15) macht in keinem Falle Schwierigkeiten. Um dies zu verfolgen, setzen wir zur Abkürzung

$$-\,e\,(b_e + b_i)\,n\,\mathfrak{E}_x^2 + S = f(T); \qquad \varkappa + e\,U_i D_{amb}\frac{\mathrm{d}n}{\mathrm{d}T} = \varphi(T),$$

wodurch (10a) in

$$\frac{1}{r}\frac{\mathrm{d}}{\mathrm{d}r}\left(r\,\varphi\,\frac{\mathrm{d}T}{\mathrm{d}r}\right) = f(T) \tag{16}$$

übergeht. Rechnet man die linke Seite aus, so gelangt man zu

$$\frac{1}{r}\,\varphi\,\frac{\mathrm{d}T}{\mathrm{d}r} + \frac{\mathrm{d}\varphi}{\mathrm{d}T}\left(\frac{\mathrm{d}T}{\mathrm{d}r}\right)^2 + \varphi\,\frac{\mathrm{d}^2 T}{\mathrm{d}r^2} = f(T). \tag{16a}$$

In der Nähe von $r = 0$ können wir hierfür die Reihenentwicklung

$$T = T_0 + a_2 r^2 + \cdots \tag{17}$$

ansetzen, die die Randbedingung (15) befriedigt. Durch Einsetzen in (16a) finden wir an der Stelle $r = 0$

$$4\,a_2\varphi\,(T_0) = f\,(T_0)$$

zur Bestimmung von $a_2$.

Die Bedingung (15a) für den frei brennenden Bogen ist aber unerfüllbar. Bei niedriger Temperatur geht sowohl $S$ wie $n$ schnell gegen Null, so daß wir in einiger Entfernung von der Bogenachse $f = 0$ setzen dürfen. Nun läßt sich (16) einmal integrieren, wodurch wir

$$r \varphi \frac{\mathrm{d} T}{\mathrm{d} r} = C_1 \tag{18}$$

erhalten. Unter $\psi$ verstehen wir jetzt eine Funktion der Temperatur, welche mit $\varphi$ durch

$$\frac{\mathrm{d} \psi}{\mathrm{d} T} = \varphi$$

zusammenhängt. Bringen wir dies in (18) ein, so entsteht

$$\frac{\mathrm{d} \psi}{\mathrm{d} r} = \frac{C_1}{r}, \tag{19}$$

was durch nochmalige Integration

$$\psi = C_1 \ln r + C_2 \tag{19a}$$

liefert. Im unendlichen muß die Temperatur und damit auch $\psi$ endlich bleiben. Dies ist nur möglich, wenn $C_1$ verschwindet, wodurch allerdings $\psi$ und damit auch die Temperatur konstant wird.

Es gibt also zwei Möglichkeiten. Entweder die Temperatur im unendlichen ist so niedrig, daß dort keine Ausstrahlung und kein Leitvermögen vorhanden ist. Dann muß auch im ganzen Raum die Temperatur diesen niedrigen Wert haben. Dies ist eine triviale Lösung, bei der der Bogen nicht gezündet ist. Die zweite Möglichkeit wäre, daß im Unendlichen eine so hohe Temperatur herrscht, daß der Ansatz $f = 0$ nicht gemacht werden darf. Dies bedeutet aber, daß sich der Bogen bis ins Unendliche ausdehnt.

Es ist bemerkenswert, daß wir keine besonderen Annahmen über die Abhängigkeit der Funktion $\varphi$ von $T$ machen müssen, um zu diesem Resultat zu gelangen. Es ist deshalb auch ganz unabhängig von der Temperaturabhängigkeit des Wärmeleitvermögens. Ja, es wäre nicht einmal notwendig, daß $n$ mit der Temperatur über die Sahasche Gleichung und $S$ über die Formel (13) zusammenhängt. In jedem Fall gilt die Aussage, daß der Bogen entweder überhaupt nicht brennt, oder bis ins Unendliche reicht. Dies ist also eine Feststellung, die wenig mit den Vorgängen im Bogen selbst zu tun hat und die deshalb auch kaum durch eine Kritik an dem der Theorie des Bogens zugrunde gelegten Mechanismus erschüttert werden kann. Dieses Ergebnis folgt vielmehr einfach aus der Zylindersymmetrie des Problems und wir müssen schließen, daß wir die Stabilisierung des Bogens nur verstehen können, wenn wir die Bogensäule nicht mehr als unendlich lang behandeln. Es ist sogar anzunehmen, daß auch die Berücksichtigung der Konvektion, wenn sie wirklich rechnerisch durchgeführt werden könnte, über die aufgezeigte Schwierigkeit nicht hinwegführen würde, solange die Bogensäule als unendlich lang angenommen wird.

Die aufgezeigte Schwierigkeit der Wärmeabfuhr von einer unendlich langen zylindrischen Wärmequelle ist übrigens gar nicht für den Lichtbogen charakteristisch. Auch ein unendlich langer geheizter Draht muß schon den ganzen Raum auf eine Temperatur bringen, die dem Strahlungsgleichgewicht entspricht. Dies ist vielleicht der stärkste Hinweis darauf, daß das Problem der Querstabilisierung des frei brennenden Bogens nur gelöst werden kann, wenn man berücksichtigt, daß er nur eine endliche Länge hat und wenn man ein entsprechendes Wärmeleitproblem untersucht.

## IV. *Theorie eines Bogens endlicher Länge.*

Der Elektrodenabstand eines Lichtbogens sei $d$. Wir legen zunächst die $x$-Achse eines Koordinatensystems in die Bogenachse, den Anfangspunkt in die Mitte des Bogens. Statt der Koordinaten $x, y, z$ führen wir nun elliptische Koordinaten $\mu, \nu, \varphi$ durch die Transformation

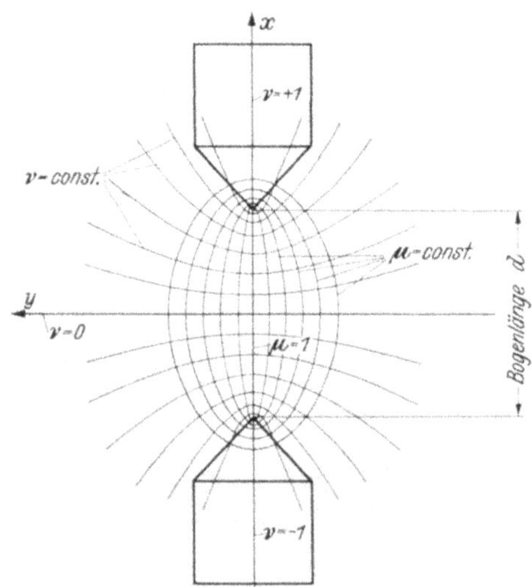


Fig. 8. Elliptisches Koordinatensystem zur Theorie des Bogens endlicher Länge (Bogenlänge $d$, Koordinaten in Richtung der Bogenachse: Rotationsellipsoide $\mu$ = const, Koordinaten senkrecht zur Bogenachse: zweischalige Rotationshyperboloide $\nu$ = const).

$$x = \frac{d}{2}\mu\nu,$$

$$y = \frac{d}{2}\sqrt{(\mu^2-1)(1-\nu^2)}\cos\varphi,$$

$$z = \frac{d}{2}\sqrt{(\mu^2-1)(1-\nu^2)}\sin\varphi$$

ein. Die Flächen $\mu$ = const sind Rotationsellipsoide

$$\frac{4\,(y^2+z^2)}{d^2\,(\mu^2-1)} + \frac{4\,x^2}{d^2\,\mu^2} = 1,$$

die Flächen $\nu$ = const zweischalige Hyperboloide

$$\frac{4\,x^2}{d^2\,\nu^2} - \frac{4\,(y^2+z^2)}{d^2\,(1-\nu^2)} = 1.$$

Die Brennpunkte all dieser Flächen liegen in den Brennflecken auf den Elektroden. Diese gehören zu den Werten $\mu = 1; \nu = \pm 1$ der Koordinaten. Auf der Bogenachse ist $\mu = 1$, während $\nu$ die Werte von $-1$ bis $+1$ durchläuft. $\nu = 0$ ist die zur Bogenachse senkrechte Ebene in der Mitte zwischen beiden Elektroden (siehe Fig. 8).

Aus Symmetriegründen hängen die uns interessierenden Größen $\mathfrak{E}$, $i$, $i_e$, $i_i$, $n$ und $T$ nicht von der Koordinate $\varphi$ ab. Sehen wir von der Umgebung der Elektroden ab, so werden die Stromlinien Ellipsen auf den Flächen $\mu = \text{const}$ sein und die Stromdichte $i$ wird also nur eine Komponente $i_\nu$ besitzen.

Nun zerlegen wir die Stromdichten $i_e$ und $i_i$ in die Komponenten $i_{e\mu}$, $i_{e\nu}$, $i_{i\mu}$ und $i_{i\nu}$, ebenso die Feldstärke $\mathfrak{E}$ in die Komponenten $\mathfrak{E}_\mu$ und $\mathfrak{E}_\nu$. Dann ist

$$i_\nu = i_{e\nu} + i_{i\nu}, \tag{20}$$

$$i_\mu = i_{e\mu} + i_{i\mu} = 0. \tag{21}$$

Die Gleichung (2) liefert uns

$$\operatorname{div} i = 0. \tag{22}$$

Die Gleichungen (3) und (4) müssen in je zwei Komponenten aufgespalten werden, wobei wir natürlich $n_e = n_i = n$ setzen. In dem mittleren Teil des Bogenkanals dürfen wir sicher annehmen, daß $n$ sich auf den Ellipsoiden $\mu = \text{const}$ nicht ändert, also nicht von $\nu$ abhängt. Damit verschwindet $\text{grad}_\nu n$. Wir erhalten dann die Gleichungen

$$i_{e\nu} = e\, b_e n\, \mathfrak{E}_\nu, \tag{23a}$$

$$i_{e\mu} = e b_e n\, \mathfrak{E}_\mu + e\, D_{amb}\, \text{grad}_\mu\, n, \tag{23b}$$

$$i_{i\nu} = e b_i n\, \mathfrak{E}_\nu, \tag{24a}$$

$$i_{i\mu} = e b_i n\, \mathfrak{E}_\mu - e\, D_{amb}\, \text{grad}_\mu\, n. \tag{24b}$$

Durch Addieren von (23a) und (24a) ergibt sich

$$i_\nu = e\,(b_e + b_i)\, n\, \mathfrak{E}_\nu. \tag{25}$$

Wenn man (23b) mit $b_i$ und (24b) mit $b_e$ multipliziert, subtrahiert und (21) benutzt, erhält man

$$i_{e\mu} = e\, D_{amb}\, \text{grad}_\mu\, n = \frac{2 e D_{amb}}{d} \sqrt{\frac{\mu^2 - 1}{\mu^2 - \nu^2}}\, \frac{\mathrm{d} n}{\mathrm{d} \mu}. \tag{26}$$

Verwendet man (21, 23a, 24a), so geht aus (6) die Gleichung

$$\operatorname{div}\,(U_i i_e + \varkappa\, \text{grad}\, T) = S - \mathfrak{E}_\nu i_\nu = S - \mathfrak{E}_\nu^2 e\,(b_e + b_i)\, n \tag{27}$$

hervor. Zuletzt kommt noch die Saha-Gleichung

$$n = \left(\frac{2\pi m}{h^2}\right)^{3/4} k^{1/4}\, T^{1/4} p^{1/2}\, e^{-\frac{e U_i}{2 k T}} \tag{7a}$$

hinzu.

Wir könnten nun div $i_e$ berechnen, indem wir (23a) und (26) verwenden und in (27) einsetzen, um eine Gleichung für $T$ zu erhalten. Dieses ziemlich schwerfällige Verfahren ist nicht lohnend. Wir wollen deshalb gleich einige

Vernachlässigungen durchführen, welche keinen großen Fehler verursachen, aber die Überlegung sehr verflüssigen. Die Trägerdichte $n$, die Stromdichte $i_e$ und die Ausstrahlung $S$ haben nur im eigentlichen Entladungskanal beachtliche Werte. Da dieser aber ein sehr gestrecktes Ellipsoid darstellt, werden sich alle diese Größen in der Längsrichtung wenig, in der Querrichtung dagegen stark ändern. Sie hängen also nicht von der Koordinate $\nu$, sondern nur von $\mu$ ab. Dies gilt nicht mehr weit außerhalb des Kanals, wo wir diese Größen aber sowieso vernachlässigen können. Die Längsfeldstärke $\mathfrak{E}_\nu$ erscheint nur zusammen mit $n$, so daß wir sie nur im Kanal wirklich benötigen. Dort hängt aber auch sie von $\nu$ kaum ab, sondern ist einfach der Quotient der Brennspannung in die Länge der Stromlinien. Im Kanal sind aber die Stromlinien alle ziemlich gleich lang, so daß wir $\mathfrak{E}_\nu$ überhaupt als konstant ansehen dürfen. In großer Entfernung vom Kanal wäre dies allerdings falsch. Dort kommt aber $\mathfrak{E}_\nu$ in unseren Gleichungen nicht mehr vor, da es immer mit dem praktisch verschwindenden $n$ multipliziert ist.

Im Unendlichen, das in elliptischen Koordinaten durch $\mu = \infty$ erfaßt wird, soll $T$ einem endlichen Wert $T_\infty$ zustreben. Dies bedeutet die Randbedingung

$$\mu = \infty; \quad T = T_\infty. \tag{28}$$

Wir zeigen zuerst, daß wir sie erfüllen können, womit die Möglichkeit der Querstabilisierung des Bogens eigentlich schon dargetan ist. Weit vom Bogenkanal entfernt reduziert sich die Gleichung (27) auf

$$\operatorname{div} \varkappa \operatorname{grad} T = 0, \tag{27a}$$

was in elliptischen Koordinaten

$$\frac{\partial}{\partial \mu} \varkappa (\mu^2 - 1) \frac{\partial T}{\partial \mu} + \frac{\partial}{\partial \nu} \varkappa (1 - \nu^2) \frac{\partial T}{\partial \nu} = 0 \tag{27b}$$

liefert. Soll im Unendlichen die Temperatur überall dieselbe sein (was allerdings nicht unbedingt der Fall sein muß), so hängt $T$ von $\nu$ nicht ab und wir bekommen durch Integration

$$(\mu^2 - 1) \frac{dT}{d\mu} = C_1,$$

was für große $\mu$ näherungsweise in

$$\frac{dT}{d\mu} = \frac{C_1}{\mu^2}$$

mit dem Integral

$$T = -\frac{C_1}{\mu} + T_\infty \tag{29}$$

übergeht. Tatsächlich nimmt die Temperatur im Unendlichen den vorgeschriebenen Wert $T_\infty$ an und die Konstante $C_1$ bleibt noch zur Erfüllung einer Randbedingung in der Bogenachse zur Verfügung.

Die Verhältnisse im Kanal selbst können keine grundsätzlichen Schwierigkeiten bieten, da sie sich nicht allzu sehr von denen in einer unendlich langen Säule, die durch ein Rohr stabilisiert wird, unterscheiden können. Um die Rechnung nicht unnütz zu komplizieren, vernachlässigen wir die Wärmeleitung durch Trägerdiffusion und sehen statt ihrer das Wärmeleitvermögen $\varkappa$ als temperaturabhängig an. Wir erhalten dann aus (27) die einfache Gleichung

$$\operatorname{div} \varkappa \operatorname{grad} T = S - \mathfrak{E}_\nu^2 e\, (b_e + b_i)\, n, \tag{30}$$

die mit der Abkürzung

$$f(T) = S - \mathfrak{E}_\nu^2 e\, (b_e + b_i)\, n \tag{31}$$

in elliptischen Koordinaten

$$\frac{4}{d^2 (\mu^2 - \nu^2)} \left\{ \frac{\partial}{\partial \mu} (\mu^2 - 1)\, \varkappa \frac{\partial T}{\partial \mu} + \frac{\partial}{\partial \nu} (1 - \nu^2)\, \varkappa \frac{\partial T}{\partial \nu} \right\} = f(T) \tag{30a}$$

lautet.

Zuerst machen wir die Annahme, daß $T$ von $\nu$ nicht abhänge und erhalten in der Mittelebene $\nu = 0$ die Beziehung

$$\frac{\partial}{\partial \mu} (\mu^2 - 1)\, \varkappa \frac{\partial T}{\partial \mu} = \frac{d^2}{4} \mu^2 f(T), \tag{30b}$$

welche den Temperaturverlauf in dieser Ebene bestimmt. Nun muß verlangt werden, daß in der Bogenachse die Temperatur ein Maximum habe, d. h. daß

$$\operatorname{grad}_\mu T = \frac{2}{d} \sqrt{\frac{\mu^2 - 1}{\mu^2 - \nu^2}} \frac{\mathrm{d} T}{\mathrm{d} \mu} = \frac{2}{\mu d} \sqrt{\mu^2 - 1} \frac{\mathrm{d} T}{\mathrm{d} \mu} \tag{32}$$

für $\nu = 0$, $\mu = 1$ verschwinde.

Die Temperatur in der Bogenachse sei mit $T_0$ bezeichnet. Wir können dann in der unmittelbaren Umgebung der Achse für $f(T)$ in (30b) $f(T_0)$ setzen und die Integration ausführen, was

$$(\mu^2 - 1)\, \varkappa \frac{\mathrm{d} T}{\mathrm{d} \mu} = \frac{\mu^3 d^2}{12} f(T_0) + C$$

ergibt. Wenn wir jetzt

$$C = -\frac{d^2}{12} f(T_0)$$

setzen, wird

$$(\operatorname{grad}_\mu T)_{\mu = 1} = \left( \frac{2}{\mu d} \sqrt{\mu^2 - 1} \frac{\mathrm{d} T}{\mathrm{d} \mu} \right)_{\mu = 1} = \frac{d \cdot f(T)}{6 \varkappa} \left( \frac{\mu^3 - 1}{\mu \sqrt{\mu^2 - 1}} \right)_{\mu = 1} = 0$$

und die Randbedingung für die Bogenachse ist erfüllt.

Nun untersuchen wir noch den eigentlichen Bogenkanal, d.h. das Gebiet, wo $x$ und $y$ sehr klein gegen den Elektrodenabstand sind. Kehren wir wieder zu Zylinderkoordinaten zurück, setzen also

$$x^2 + y^2 = r^2 = \frac{d^2}{4}(\mu^2 - 1)(1 - \nu^2)$$

und in der Mittelebene

$$r^2 = \frac{d^2}{4}(\mu^2 - 1)\,; \qquad \mu^2 = \frac{4\,r^2}{d^2} + 1 \approx 1,$$

so wird

$$\frac{\partial r}{\partial \mu} = \frac{\mu^2 d^2}{4\,r} \approx \frac{d^2}{4\,r},$$

$$\frac{\partial}{\partial \mu} = \frac{d^2}{4\,r}\,\frac{\mathrm{d}}{\mathrm{d}\,r}$$

und die Gleichung (30b) geht näherungsweise in

$$\frac{1}{r}\,\frac{\mathrm{d}}{\mathrm{d}\,r}\,r\,\varkappa\,\frac{\mathrm{d}\,T}{\mathrm{d}\,r} = f(T)$$

über. Dies ist genau die Gleichung, die man in Zylinderkoordinaten für den unendlich langen Bogen erhält. Im Kanal selbst verhält sich also der Bogen so, wie ein unendlich langer Bogen in einem Rohr.

Wir wollen jetzt versuchen, die Abhängigkeit der Temperatur von der Koordinate $\nu$ zu ermitteln. Dazu kehren wir zu der Gleichung (30a)

$$\frac{\partial}{\partial \mu}(\mu^2 - 1)\,\varkappa\,\frac{\partial T}{\partial \mu} + \frac{\partial}{\partial \nu}(1 - \nu^2)\,\varkappa\,\frac{\partial T}{\partial \nu} = \frac{d^2}{4} f(T)(\mu^2 - \nu^2) \tag{30a}$$

zurück. Aus Symmetriegründen kann die Entladung nur von $\nu^2$ abhängen und wir werden deshalb für das Gebiet zu beiden Seiten der Mittelebene den Ansatz

$$T = T_0 + \nu^2 T_2 + \nu^4 T_4 + \cdots \tag{33}$$

probieren, in welchem $T_2$, $T_4$ usw. natürlich noch von $\mu$ abhängen. $T_0$ sei nun so gewählt, daß die einfachere Gleichung

$$\frac{\partial}{\partial \mu}(\mu^2 - 1)\,\varkappa\,\frac{\partial T_0}{\partial \mu} = \frac{d^2}{4} f(T_0)\,\mu^2 \tag{30b}$$

erfüllt wird. Setzen wir

$$T = T_0 + \nu^2 T_2$$

in (30a) ein, so finden wir die von $\nu$ unabhängigen Glieder

$$\frac{\partial}{\partial \mu}(\mu^2 - 1)\,\varkappa\,\frac{\partial T_0}{\partial \mu} + 2\,\varkappa\,T_2 = \frac{d^2}{4} f(T_0)\,\mu^2.$$

Wegen (30b) reduziert sich das aber auf

$$2\varkappa T_2 = 0.$$

Wir müssen deshalb

$$T = T_0 + \nu^4 T_4$$

verwenden und erhalten beim Einsetzen in (30a)

$$\frac{\partial}{\partial \mu}(\mu^2 - 1)\varkappa \frac{\partial T_0}{\partial \mu} + 12\varkappa \nu^2 T_4 = \frac{d^2}{4} f(T_0)\mu^2 - \frac{d^2}{4} f(T_0)\nu^2,$$

wenn wir die Glieder mit $\nu^2$ noch beachten. Dies liefert uns offenbar

$$T_4 = -\frac{d^2}{48\varkappa} f(T_0)$$

und damit in der Nähe der Mittelebene

$$T = T_0 - \frac{d^2}{48\varkappa} f(T_0)\nu^4.$$

Hieraus darf man allerdings nicht allzu viel schließen. Was zunächst interessiert, ist, daß $T$ kein in $\nu$ quadratisches Glied enthält, also tatsächlich von $\nu$ sehr weitgehend unabhängig ist. Das Glied vierter Ordnung für reell zu halten, bedeutet wohl eine Überschätzung der Genauigkeit der Rechnung, da ja die geringe Abhängigkeit von $\mathfrak{E}_\nu$, $i_\nu$ usw. von $\nu$ vernachlässigt worden ist. Man wird im Gegenteil erwarten, daß näher zu den Elektroden hin, wo ja der Bogenkanal etwas schmäler wird, wegen der wachsenden Stromdichte die Temperatur etwas ansteigen wird.

## V. *Ähnlichkeitsgesetze.*

Führt man statt $T$ die charakteristische Temperatur

$$\vartheta = \frac{kT}{eU_i}$$

ein und setzt

$$b_e = \frac{B_e}{p}; \qquad b_i = \frac{B_i}{p},$$

so ist

$$S = \frac{p \cdot A}{e U_i \vartheta} e^{-\frac{U_a}{U_i \vartheta}} = p g(\vartheta)$$

und

$$\mathfrak{E}_\nu^2 e(b_e + b_i)\cdot n = \mathfrak{E}_\nu^2 p^{-1/2} h^{-3/2} e^{5/4} U_i^{1/4} (2\pi m)^{3/4} (B_e + B_i)\vartheta^{1/4} e^{-\frac{1}{2\vartheta}}$$
$$= \frac{\mathfrak{E}_\nu^2}{p^{1/2}} h(\vartheta).$$

Damit geht die Gleichung (30) in

$$\frac{1}{\mu^2-\nu^2}\left\{\frac{\partial}{\partial\mu}(\mu^2-1)\varkappa\frac{\partial\vartheta}{\partial\mu}+\frac{\partial}{\partial\nu}(1-\nu^2)\varkappa\frac{\partial\vartheta}{\partial\nu}\right\}$$
$$=\frac{p\,d^2}{4}g(\vartheta)-\frac{\mathfrak{E}_\nu^2 d^2}{4\,p^{1/2}}h(\vartheta)=C_2\,g(\vartheta)-C_1\,h(\vartheta)$$

über. Wenn die beiden Konstanten

$$C_1=\frac{\mathfrak{E}_\nu^2 d^2}{4\,p^{1/2}};\qquad C_2=\frac{p\,d^2}{4}$$

bei zwei Bögen dieselben Werte haben, hängt $\vartheta$ in der gleichen Weise von $\mu$ und $\nu$ ab, da ja die Randbedingung im Unendlichen und in der Bogenachse sowieso immer die gleichen sind. Solche Entladungen sind also ähnlich.

Wir berechnen die Leistung $L$ pro cm Bogenlänge in der Mitte des Bogens. Hierzu bilden wir

$$L=\mathfrak{E}_\nu 2\pi\int\limits_0^\infty i_\nu r\,\mathrm{d}r=\frac{\mathfrak{E}_\nu^2 d^2}{4\,p^{1/2}}\int\limits_0^\infty h(\vartheta)\,\mu\,\mathrm{d}\mu=C_1\int\limits_0^\infty h(\vartheta)\,\mu\,\mathrm{d}\mu.$$

Das Integral hat bei ähnlichen Entladungen stets den gleichen Wert. Ähnliche Entladungen setzen also in der Bogenmitte pro cm die gleiche Leistung um. Außerdem ist in ähnlichen Entladungen das Produkt $pd^2$ konstant. Die entsprechende Bedingung bei einem wandstabilisierten Bogen in einem Rohr[1]) verlangt, daß pro cm Länge die gleiche Gasmenge vorhanden sei. Auf eine solche Ausdeutung kann man beim frei brennenden Bogen nicht kommen. Wollte man die Wärmeleitung durch Trägerdiffusion wirklich berücksichtigen, statt sie summarisch durch ein temperaturabhängiges Wärmeleitvermögen zu erfassen, so würden ebenso wie beim Bogen im Rohr die Ähnlichkeitsgesetze verlorengehen.

---

[1]) Vgl. W. Elenbaas, Physica 2, 169, 1935.

---

ISBN 978-3-662-27935-9 ISBN 978-3-662-29443-7 (eBook)
DOI 10.1007/978-3-662-29443-7

www.ingramcontent.com/pod-product-compliance
Ingram Content Group UK Ltd.
Pitfield, Milton Keynes, MK11 3LW, UK
UKHW021929190726
13853UKWH00002B/928

* 9 7 8 3 6 6 2 2 7 9 3 5 9 *